Virginie Bonnard

Grimoire du bien-être au naturel

Virginie Bonnard

Grimoire du bien-être au naturel

Éditions Vie

Imprint
Any brand names and product names mentioned in this book are subject to trademark, brand or patent protection and are trademarks or registered trademarks of their respective holders. The use of brand names, product names, common names, trade names, product descriptions etc. even without a particular marking in this work is in no way to be construed to mean that such names may be regarded as unrestricted in respect of trademark and brand protection legislation and could thus be used by anyone.

Cover image: www.ingimage.com

Publisher:
Éditions Vie
is a trademark of
International Book Market Service Ltd., member of OmniScriptum Publishing Group
17 Meldrum Street, Beau Bassin 71504, Mauritius

Printed at: see last page
ISBN: 978-620-2-49562-2

Préface

Nous sommes quotidiennement, exposés à toutes sortes de produits chimiques néfastent pour notre organisme.

Opter, par exemple, pour l'utlisation de produits naturels permet de limiter l'absorption de matières chimiques pour notre peau.

Les femmes, les hommes, et même les enfants utilisent ces substances d'hygiène remplies de toutes sortes de composants dont les effets ne sont pas bons pour notre santé.
Les utilisations naturelles prennent soin de notre peau, de nos dents, de nos cheveux, de notre santé en général, sans risque d'être exposé au danger et effets secondaires de la chimie!
De plus, inutile de dépenser des cents et des milles pour prendre soin de soi.
Dans ce petit grimoire: des aliments, des plantes, des huiles essentielles et végétales, quelques minutes de patience, mais pas uniquement.....

Bref, des trucs et astuces pour un bien-être intérieur et extérieur.
Toujours dans l'esprit écolo-écono!

Un peu de sorcellerie au naturel, pourquoi pas ?
La nature est adaptée à nous, et nous sommes adaptés à elle.
Nous vivons en symbiose avec la nature, elle nous apporte l'essentiel, à nous de créer et mélanger les matières pour des recettes sur mesure pour notre corps.
Pourquoi aller chercher plus loin pour notre quotidien.
Allier l'utile à l'agréable et se faire confiance, chacun sait ce qui est bon pour lui......

Dans ce livre, je vais vous donner les produits de bases, les incontournables dans le domaine de la cosmétiques, du nettoyages, et des petits bobos du quotidien, sans compter quelques astuces pour le mental et le lâcher-prise! Des pistes à explorer.

Chacun peut trouver des bases et s'adapter à toutes les recettes......
C'est tout un art de vivre, alliance avec la méditation et les pratiques favorisants le bien-être.
J 'ai adhéré à cet «art» il y a quelques années et je souhaite maintenant le faire partager à travers mes «Trucs et Astuces» écolo-écono.

Les « essentiels »

Avant de se lancer dans l'éllaboration de recettes, il faut posséder quelques produits de base dans nos placards. Vous pouvez trouver une partie de ces ingrédients dans votre cuisine, oui j'utilise en particuliers de cosmétiques ou remèdes comestibles.
Pour l'este préferez des ingrédients au plus naturel possible. Par exemple directement au producteur si cela est possible ou de l'agriculture biologique.
Certains peuvent paraître onéreux à l'achat mais ont une durée de vie...vita éternam! C'est le cas de certaines huiles essentielles. J'opte pour des produits les moins coûteux qui ont de multiples propriétés, donc utilisables dans plusieurs recettes.
Donc commençons !

Mes fameux « essentiels » :

*1- **Les savons** :*
- *le savon d'Alep*
- *le savon noir*
- *le savon de Marseille*

Utilisation :
- *dentifrice*
- *produits d'entretien*
- *produits anti-tâches*
- *cosmétiques*
- *lessive*

Ce sont des produits naturels,simples avec des produits de base. Un temps oublié aujourd'hui revenu au goût du jour. Peu onéreux, ils ont une durée de vie extrêmement longue. Ils s'adaptent à tous les membres de la famille.

*2- **Le vinaigre** :*

Utilisation :

- *produit nettoyant*
- *anti-calcaire*
- *produit nettoyant vitres*
- *anti-tâches*
- *anti-piqûres*
- *cosmétique*
- *produit alimentaire*

Un élément que l'on possède toujours dans sa maison, l'investissement n'est que moindre.

*3- **Le bicarbonate de soude** :*

Utilisation :

- *crème récurrente*
- *dentifrice*
- *cosmétique*
- *lessive*

Peu onéreux, c'est un ingrédient neutre aux multiples facettes.

*4- **Huiles végétales** :*

- *l'huile d'olive*
- *l'huile d'amande douce*
- *l'huile d'argan*
- *l'huile de lin*
- *l'huile de nigelle*

Utilisation :

- *alimentaire*
- *cosmétiques*
- *remèdes paramédicaux*
- *dentifrice*
- *massage*

Les huiles végétales servent de base pour l'éllaboration de recettes cosmétiques ou de soins.

*5- **Le miel** :*

<u>Utilisation</u> :

- *alimentaire (trés apprécié par les fins gourmets!)*
- *cosmétique*
- *alternative au sucre*
- *antiseptique*
- *massage*

Le miel soulage la bronchite, les voies respiratoires, les gorges irritées. Populaire depuis la nuit des temps.

*6- **Les huiles essentielles** :*

<u>Utilisation</u> :

- *interne et externe*
- *en cuisine*
- *cosmétique*
- *pour soulager une liste non exhaustive de maux, je détaillerai dans les prochains chapitres leur utilisation de manière plus précise.*

Voilà un petit résumé des ingrédients que j'utilise tous les jours et dans mes recettes.

Les huiles végétales

Des breuvages omniprésents dans notre quotidien qui ont traversés le temps.
Bon pour notre organisme à l'intérieur comme à l'extérieur.
Source de lipides elles sont essentielles pour notre santé.
Les huiles végétales sont issues des plantes, des fruits, des graines...L'idéal est de les conserver dans un endroit sec à l'abri de la lumière. La température idéale de conservation se situant entre 15°C et 20°C.

A savoir :
Deux choses importantes lorsque l'on utilise des huiles végétales.
La première, l'air est le pire ennemi des huiles quant à leur conservation.
La deuxième, il y a des huiles allergènes qui par définition sont sucesptibles de provoquer des allergies. En voici la liste :

- l'huile d'arachide
- l'huile de germe de blé
- l'huile de cacahuète
- l'huile de sésame

Utiliser les huiles végétales au quotidien est un réflexe éclairé, présentes dans presque toutes mes recettes. Il est pour moi difficile de m'en passer. Même lors d'un voyage ou d'un déplacement. C'est pourquoi j'ai créé une trousse de voyage avec les huiles végétales permettant de remplacer tous les soins que l'on peut transporter. Pour un minimun de produits avec un maximun de propriétés. Chaque utilisation est unique, elles ont toutes une odeur, une texture, une couleur différente, un réel moment de plaisir !
Avec ce répertoire d'huiles vous pouvez partir en ayant des soins pour tout le corp, de la tête aux pieds.

- l'huile d'argan : pour le visage, le corps, ainsi que les cheveux. C'est un excellent remède contre les rides, la sècheresse, les brûlures, et toutes les agressions extèrieures (soleil, froid).
- l'huile d'arnica : utile contre les coups, les bosses, les bleus.
- l'huile d'amande douce : adoucissante elle calme les démangeaisons, les piqûres, les brûlures.

- l'huile de monoï : l'huile par excellence de soin et de beauté pour la peau, les cheveux. son parfum ennivrant est apprécié pour les massages.

L'Aromathérapie

L'aromathérapie signifie arôme, c'est une thérapie faisant appel à notre sens le plus raffiné : l'odorat.
Les huiles essentielles sont des substances aromatiques qui sont dans les plantes en faible quantite. Leurs principes actifs provoquent une sensation de bien-être.
Elles sont obtenues après distillation, elles sont utilisées :

- en cosmétique
- en prévention santé
- comme thérapeutique
- en cuisine

Ces essences sont de puissantes substances, leur utilisation doit être contrôlée. Toujours se référer aux précautions d'emploi et de mises en garde. Les utilisant au quotidien, je suis consciente qu'elles peuvent être coûteuses à l'achat mais au vue de leur concentration, il faut en utiliser que quelques gouttes !

Utiliser les plantes

Le principe de leur utilisation est le même que dans l'aromathérapie.
Sans utiliser d'extrait mais des plantes séchées en infusion.
Cette fois ci c'est le goût qui est sollicité. Je pense aux tisanes traditionnelles mais aussi aux tisanes de bain : ellles peuvent agir à l'intérieur et à l'extérieur.
Certaines de leurs propriétés sont de notoriété publique et mêmes conseillés par le corps médical à des fins thérapeutiques.
Je pense notamment à la camomille qui favorise le sommeil.
A la lavande pour ses effets relaxants.
A la sauge dont les propriétés sont tellement grandes que l'on peut citer un dicton provencal qui dit : « Qui a de la sauge dans son jardin n'a plus besoin de médecin »
A l'ortie qui est un excellent anti-inflammatoire...
Prendre l'habitude de varier les tisanes pour pallier à toutes sortes de petits tracas, conserver de bonnes habitures naturelles, les adapter à chaque saison.

Rester belle sans se ruiner

Il y a plusieurs façons naturelles d'entretenir ou d'embellir sa peau, ses cheveux, ses ongles, ses cils bref tout ! Nous pouvons utiliser les aliments, les huiles végétales, les herbes.

Un petit pense bête des essentiels :

Pour les cheveux :
L'huile de ricin est très souvent recommandée pour les fortifier et activer la pousse et la repousse, mais également l'huile de coco et l'huile de jojoba.
Le citron également pour la brillance des cheveux.
L'argile et le thym pour les cheveux gras ou saupoudrer de bicarbonate de soude.
L'ortie pour les pellicules.

Pour la peau :
Le bicarbonate de soude, le sucre pour un gommage.
L'argile verte pour un bon nettoyage
L'avocat, le miel pour des masques hydratants le lait et l'huile de coco pour une peau douce.
L'huile de bourrache, l'huile d'argan, les œufs et le concombre pour des soins anti-rides
Le chocolat et le miel pour le teint
L'huile d'amande douce comme démaquillant, pour les peaux sèches abîmées fragiles.

Pour les cils :
L'huile de ricin et la camomille pour fortifier, assouplir et favoriser la repousse.

Pour les ongles :
L'huile d'olive, l'huile de ricin et le vinaigre blanc pour entretenir ses ongles au quotidien.

Personnellement ma sélection des indispensables de la tête aux cheveux:

L'huile de coco, l'huile d'olive, le citron, le bicarbonate de soude, l'huile d'amande douce.

Gommage pour le visage rapide au chocolat : effet bonne mine garanti !

Pour les adeptes de chocolat !!! hormis son effet sur nos papilles, il peut s'avérer utile pour notre peau :) et récupérer une bonne mine.

Je vous expose ici une idée de gommage gourmand, pour un moment agréable sans calories !!!

Fabrication :

Dans une casserole faite fondre des carreaux de chocolat, une fois le chocolat fondu ajouter une cuillère à soupe d'huile d'amande douce et en dernier du sucre fin de même quantité que l'huile.

Mélanger jusqu'à obtenir une pâte.

Appliquer sur le visage en effectuant des mouvements circulaires comme habituellement pour un gommage.

Un moment très agréable, avec des produits naturels, une recette rapide et économe pour prendre soin de son teint.

Recette chocolat chaud épais anti-depresseur

En cette période des premiers froids quoi de mieux qu'un bon chocolat chaud !!!! Et encore mieux un chocolat chaud assez épais pour manger à la cuillère 😊

Recette :

Faire bouillir 1litre de lait et ajoutez deux cuillères à soupe de cacao.

Une fois le mélange homogène ajoutez 150 g de chocolat pâtissier noir ou blanc ou au lait.

À feu doux incorporer vos morceaux de chocolat petit à petit et continuer à remuer jusqu'à ce que ces derniers soient fondus.

Ajoutez 10 cl de crème fraîche

En fonction des goûts vous pouvez ajouter des épices (cannelle...) De la poudre d'amandes ou de noisette 😋

Bonne dégustation !!!!

Trois recettes au gel d'aloé vera

Le gel d'aloe vera est une bonne base pour tous types de soins maison express !

Dans cet article, je vais vous donner trois recettes express de soins, mais sachez que vous pouvez utiliser le gel d'aloe vera seul sur le visage et le corps. Il est calmant et apaisant, et recommandé pour de nombreuses affections de la peau.Il a de nombreuses propriétés.

Mon conseil : toujours avoir du gel d'aloe vera chez soi !!!!

Passons aux recettes.

Masque purifiant :

Mélangez une cuillère à soupe de gel d'aloe vera et une cuillère à soupe de miel.

Fouettez les deux ingrédients jusqu'à obtenir un gel onctueux.

Appliquez sur le visage et laissez agir 20 minutes.

Masque hydratant :

Même principe que pour le masque purifiant, mais à la place du miel on mélange du yaourt au gel d'aloe vera et on laisse poser 10 minutes.

Soin anti-âge :

Au creux de sa main, melangez une noix de gel d'aloe vera et deux gouttes d'huile essentielle de géranium.

Appliquez comme une crème de jour sur le visage.

Effet liftant immédiat !!!!

Pour perdre du poids

Un remède vieux comme le monde, mais d'après certaines recherches,il aurait une explication des plus concrète:

En effet le vinaigre de cidre augmente le métabolisme ce qui permet une perte de poids, tout simplement ! pourquoi s'imposer des régimes ultras complexes (pour un "petit" surpoids) quand une bouteille d'eau avec du cidre suffit à perdre quelques kilos. Ne pas laisser les kilos s'installer pendant l'hiver sous prétexte que nous sommes camouflés sous de gros pulls évite un mouvement de panique lorsque les beaux jours arrivent !!

Une cure au vinaigre de cidre !

- Mélangez 2 cuillères à café de vinaigre de cidre dans 50 cl d'eau.

- Prendre quelques gorgées de cette décoction tout au long de la journée.

Le corps va s'habituer, le vinaigre de cidre est bon pour la santé et la peau.

A vos bouteilles !!!!

Mon elixir jeunesse : un anti-rides fabriqué en deux minutes chrono !

Le temps passe le miroir nous le dit... La peau du visage vieillit dès 30 ans.

La peau devient plus flasque, des rides d'expression apparaissent, des marques, des tâches, les agressions extérieures comme le soleil accélère ce mécanisme. La peau devient moins bien hydratée et la rend beaucoup plus fine.

Afin d'éviter un vieillissement prématuré ou d'entretenir et raffermir sa peau même une fois les signes bien installés il y a une solution naturelle, simple, efficace et économe.

Recette :

Mélanger une toute petite quantité d'huile d'onagre ou de bourrache (ou à défaut d'argan attention elle accentue parfois l'effet comédons) et une goutte d'huile essentielle de géranium, appliquer sur la peau comme une crème de jour matin et soir.

Mon petit plus : tous les matins appliquer de l'eau florale de rose elle redonne de la vitalité à la peau!!!!! notons que comme toutes les eaux florales elle est souvent utilisée comme parfum .

Bonjour la fermeté adieu l'effet flagada !!!!!

Tisanes de bain : zoom sur ces plantes lâcher prise

Bonsoir amis stressés, fatigués par ces courtes journées d'hiver parsemées d'impôts de fin d'année à payer et des problèmes mathématiques de nos chérubins que l'on arrive plus à résoudre : et oui les fractions décimales sont bien loin. Bref des soirées détentes bien méritées une fois tout le monde au lit !!!

Certains me diront les bains c'est pas économiques ni écologiques : c'est vrai amis lecteurs donc cela doit rester occasionnel ou dans le cas d'un ras le bol urgent.

Donc j'y vais : je me trempe dans une tisane chaude grandeur baignoire !

Mode opératoire :

Dans un bon bain très chaud, à l'aide d'une boule à tisane par exemple, préparer les plantes qui vont infuser pour un effet relaxation, les plantes séchées que l'ont utilisent sont : lavande, tilleul, verveine, camomille, passiflore, la marjolaine.

Attendez que la température de l'eau soit acceptable pour le bain et rester trempé dans cette infusion 20 minutes, sortez du bain sans vous rincer pour avoir l'effet relaxant le plus longtemps possible.

C'est la formule la plus simple.

Mes petits plus : si l'on à la peau sèche ou des vergetures quelques gouttes d'huile de lin seront les bien venues. Puis un peu d'imagination pour optimiser tout ça, une lumière tamisée, une musique détente, et quelques gouttes d'huile essentielle de menthe feront un très bon mélange (associer les arômes et les plantes)

Résultat : détendue pour bonne nuit de repos afin de repartir encore plus en forme !!!!

Ma sélection recettes cosmétiques express : pour une beauté sans produit cancérigène !!!

Les trois recettes que je décide de vous présenter aujourd'hui sont des recettes que j'appelle express car elles sont rapides et simples à réaliser, de plus avec aussi peu d'ingrédients nous obtenons des cosmétiques 100% naturels et peu coûteux (le mot est faible).

L'hiver est là donc je choisit de miser pour un gommage bonne mine, un déodorant (les pulls nous protègent du froid mais l'on peu vite transpirer si l'on rentre dans des pièces surchauffées comme les salles d'attente par exemple) pour nos aisselles confinées, une crème de jour hydratante pour une protection optimale contre les agressions du froid.

Le gommage :

Dans le creux de votre main mélanger un peu de miel avec du sucre, appliquer sur le visage en effectuant des massages circulaires puis rincer. A renouveler deux fois par semaine.

Le déodorant :

Dans un récipient refermable et opaque, mélanger quelques cuillères à soupe d'huile de coco , une cuillère à soupe de bicarbonate de soude , et quelques gouttes d'huile essentielle qui peuvent s'appliquer sur la peau bien se renseigner sur les précautions d'emploi moi j'utilise par exemple la lavande mais il y a un grand choix selon vos envies. Un baume va se former, prenez en avec le bout des doigts et appliquer sur les aisselle.

La crème :

Mélanger la même quantité d'huile végétale de votre choix (en ce moment j'utilise l'huile de lin), et de gel d'aloe vera , une noix d'aloe vera et une noix d'huile végétale au creux de la main, frictionner et appliquer sur le visage le soir avant de se coucher, avec cette méthode nous pouvons changer d'huile végétale en fonction de nos besoins !!!!!

Je les ai testé, je les utilise au quotidien Pratique et Efficace !!!!!

La sauge : une alliée incontournable pour apprivoiser les caprices de nos hormones

La sauge est une plante médicinale ancestrale, elle est connue pour ses multiples vertus. Utilisée depuis l'antiquité elle serait à l'origine de la longue vie de Louis XIV qui buvait une infusion de sauge tous les matins.

La sauge serait un remède puissants pour bien des maux, petit zoom sur sur ses "pouvoirs" :

- Maux de george

- La toux

- Anti-inflammatoire

- Contre la diarrhée

-Herpes labial

-Contre la transpiration excéssive

- Aide à la digestion ....

La liste est longue, d'ailleurs un proverbe provençal dit: qui possède de la sauge dans son jardin n'a plus besoin de médecins.

Puis pour les plus ouverts d'esprit la sauge rendrait immortel !!!! Vous l'aurez compris c'est un excellent anti-âge

Ce petit topo d'info effectué revenons à notre sujet c'est à dire aux problèmes hormonaux que rencontre les femmes, à tout moment de notre vie de femme il nous faut passer par des étapes hormonales : la puberté, les cycles menstruels, la ménopause, toutes ces étapes nous font subir des maux et effets secondaires pas toujours facile à vivre, la sauge est excellente pour nous accompagner et nous soulager :

Elle est donc efficace lors des règles douloureuses, elle permet de réguler les cycles menstruels (notamment après un accouchement), elle intervient dans les effets secondaires de la ménopause (bouffées de chaleur, maux de tête...)

Pour celles qui souhaitent tomber enceinte elle stimule l'ovulation !!!!

La consommer en infusion est pour moi le plus simple et le plus efficace, la sauge est aussi utilisée comme aromate en cuisine.

Mon petit plus : je fais brûler des feuilles de sauge séchées avec ou sans huile essentielle de lavande ce qui me permet d'avoir une odeur que j'apprécie beaucoup dans la maison outre les effets apaisants et assainissant de ce mode opératoire .

Toutes à vos infusions de sauge pour des hormones domptées !!!!!!

Recette ultra rapide et simple pour protéger les mains du froid: deux ingrédients en deux minutes!!!

Le froid est un ennemi pour nos mains !

Elles deviennent plus sensibles, la peu est plus fragile et s'abîme avec le froid !

Nous avons cette horrible sensation de tiraillement, de peau qui se blesse facilement. Et pour certains d'entre nous il faut faire face aux callosités et à la douleur !!!

Alors pour éviter les mains qui rougissent, qui deviennent "peau fripée" il est important de les bichonner. Que ce soit esthétique, confort ou soin...

Anticiper ces désagréments, ou même les soigner si c'est déjà trop tard.

Pourquoi courir pour acheter une crème hors de prix, bourrée de produits chimiques dont l'efficacité reste aléatoire et pas immédiate lorsque avec deux ingrédients nous pouvons nous protéger pour l'hiver !!

Donc j'ai testé cette recette sur toute la famille : rien à redire on est tous bien dans nos mains :)

Ingrédients :
Quelques cuillères à soupe d'huile végétale, (huile d'olive, de ricin, d'argan, d'amande douce, de coco)

Quelques gouttes d'huile essentielles de lavande (pour son effet réparateur, protecteur)

Mode opératoire :
Mélanger tout simplement ces deux ingrédients dans un récipient, et votre potion est prête (pour plusieurs utilisations) appliquer le matin et le soir si nécessaire sur vos mains.

Renouveler tout l'hiver !!!!
Pour conclure je dirais que cette solution est efficace, l'odeur agréable sans être trop présente, naturelle, et le prix dérisoire, et surtout pour les plus pressés ultra rapide !!!!!

Lutter contre le froid : des astuces réchauffantes !!!!! Quand la maladie du froid nous fait souffrir

Le froid est bien là !!!! il s'installe dans notre maison, nos pieds, nos mains, le bout du nez est, bref on le sent de partout et pour certains nous arrivons pas à se réchauffer.

Le froid l'ennemi juré des frileux, mais aussi des personnes atteintes du syndrome de Raynaud (communément appelé maladie du froid)

Ce qui est mon cas je suis atteinte de cette maladie et j'avoue le froid pour moi est une épreuve à claquer des dents !!!!

Voici quelques astuces qui pourront changer votre quotidien du moins le réchauffer !!!

A éviter :

La cigarette elle augmente la sensation de froid et favorise la mauvaise circulation sanguine

L'alcool contrairement à ce que l'on croit ne réchauffe pas au contraire il diminue l'activité et refroidit

Ne pas chauffer sa maison à plus de 20°c, d'une part les microbes prolifèrent au delà de cette température, de plus un logement trop chauffé ne permet pas de s'habituer et d'affronter le froid extèrieur

Eviter plusieurs paires de chaussettes moins efficace qu'une bonne paire

Eviter l'inactivité, bouger vos jambes et vos bras, augmenter le nombre de vos pas quotidiens

Le stress (pensez à méditer)

A adopter :

Les aliments à favoriser : l'oignon, l'ail, les fruits secs

Une alimentation riche en potassium, en vitamines

S'habiller en conséquence : se couvrir la tête, les mains, des habits chauds

N'hésiter pas à porter plusieurs couches de vêtements

Adopter les bons gants qui couvrent même les poignets c'est important

Les chauffes mains : des petites bouillottes que l'on peu trouver à petits prix

Le sport ou si cela n'est pas votre truc : augmenter votre nombre de pas quotidiens c'est bon pour la santé, le métabolisme et ça réchauffe

Les boissons chaudes : tisanes, chocolat chaud...

Mon petit plus : Pour les fanatiques de tricots, faites vous vos snoods , jambières(c'est joli, fun , et nos chevilles sont au chaud), mitaines, et la mode de cet hiver le bandeau (article à venir sur celui-ci).

Récup'savon : fabriquer son savon personnalisé avec des restes en 5 minutes

Voici une petite idée de :" quoi faire" de nos restes de savons !!

Quand nous utilisons des savons il nous reste souvent des petits bouts qui partent à la poubelle, et bien voilà quelques idées pour les utiliser et les transformer en savonnettes personnalisées.

Fabriquer des savonnettes avec la technique de la refonte, cette technique permet de personnaliser ses savons à souhait !!, avec des fragrances, des huiles, du lait, des HE... en fonction des envies ou des besoin de notre peau (peau sèche, peau grasse, rides, ect...)

Cette méthode est très simple car elle consiste à refondre du savon solidifié.

Fabrication : (la plus simple)
Dans une casserole faire chauffer 25 cl d'eau, pour la personnalisation du savon vous pouvez si vous le souhaitez rajouter quelques gouttes d'huiles essentielles et/ou du colorant alimentaire.

Ajouter 250 g de reste de savon (ou savon en paillette ou râpé de savon...)

Mélangez, lorsque la solution est homogène versez dans des moules et laisser durcir pendant une journée.

Fabrication : (un peu plus spécifique)
Faire fondre les restes de savons au bain marie 250 g
Ajouter l'huile végétale (coco, amande douce, argan, olive...) 2 cuillères à soupe
Dans un autre récipient faire chauffer l'eau (ou eau florale, tisane, eau déminéralisée) 25 cl

Lorsque les deux solutions sont chaudes mélanger les et battre au fouet

Ajouter les huiles essentielles, quelques gouttes
Verser dans les moules
(petite astuce pour les démouler plus facilement : mettre les moules au frigo !!!)

Pour un savon exfolient ajouter du sucre !!!!! c'est une merveille.

Arrêter de fumer avec des méthodes douces et naturelles : un petit résume d'astuces

Arrêter de fumer s'avère pour un grand nombre de fumeurs un vrai challenge !

Ce qui est le plus important lorsqu'un fumer prend la décision d'arrêter c'est l'envie et la volonté, le fameux déclic !!!!

D'années en années on constate une augmentation de traitements et de méthodes tout aussi chimiques qu'onéreuses, quant à l'efficacité les résultats sont très aléatoires...... Bref un vrai casse tête !!!
Il existe pourtant des méthodes et des astuces naturelles pour aider au sevrage et lutter contre le stress lié à l'arrêt du tabac, faisons le point sur ces différentes méthodes.

L'aromathérapie : les huiles essentielles
Il existe des préparations toutes prêtes chez différentes marques avec des prix accessibles, des pack d'huiles essentielles anti tabac avec des explications pour effectuer son mélange avec des prix allant de 30 à 35 euros.
Les huiles essentielles peuvent être utilisées en diffusion, sur soi ou par voie orale, il est important de toujours prendre connaissance sur les précautions d'emploi des huiles essentielles.

Les tisanes :
Il existe différentes plantes utilisées lors d'un sevrage au tabac, anti-stress et dépuratives, plusieurs sites donne des explications, des sites spécialisés peuvent vous aider et vendent directement des mélanges voici un lien qui peut-être utile :

https://www.francois-nature.fr/produit-naturel-tisane-arret-du-tabac-francois-nature,575.html

Pensons aussi à d'autres méthodes qui peuvent être un soutient :
- L'acupuncture
- L'hypnothérapie
- L'auriculothérapie
- La méditation
- Le yoga

Voilà j'espère que cet article sera utile et vous permettra de orienter vers ces différentes méthodes.

Mémé dans les orties !!!! Qui s'y frotte se soigne

Les orties sont un genre de la famille des urticacées qui regroupe une trentaine d'espèces de plantes herbacées à feuilles velues.

La grande ortie et l'ortie brûlante sont reconnues comme faisant partie des plantes médicinales les plus utiles et les plus efficaces. Les feuilles sont couramment utilisées comme toniques, dépuratives, diurétiques, anti-inflammatoires. La grande ortie est également très utilisée à des fins alimentaires, industrielles pour sa fibre et agricoles en tant qu'engrais et insecticide.Des études cliniques ont démontré que consommer de l'ortie permet de diminuer de 75% la prise de médicament anti-inflammatoires.

Une petite liste des maladies et domaines dans lesquels l'ortie est efficace :

- Acné, urticaire, dermatoses, boutons de fièvre
- Ostéoporose, fatigue, chute de cheveux, anémie
- Cellulite, toxines
- Rhumatismes, arthrose, arthrite, douleurs inflammatoires
- L'attention, la concentration, la mémoire
- Allergies, rhume des foins

....

Consommer l'ortie :
Le plus simple est de la consommer en infusion avec des feuilles séchées, en cuisine comme les épinards.

Lors de la cueillette d'orties nous pouvons les manger directement mais attention il faut casser les poils urticants de la racine vers les pointes puis faire rouler la feuille d'ortie entre ses doigts, une fois bien roulée la feuille peut-être mangée crue.

Nous pouvons les trouver sous différentes formes (en lotion par exemple pour l'acné) dans les magasins spécialisés ou les pharmacies.

Les aliments coupe faim : Allier l'utile à l'agréable

Pensons à adapter notre alimentation afin d'anticiper les fêtes de d'année !!!

A vos assiettes pour un plaisir coupe faim :)

Il existe des aliments que l'on dit coupe faim dont l'efficacité est reconnue, ces aliments sont de plus excellents pour notre santé et agréables à manger !!!

Voici une petites liste d'aliments à incorporer dans vos menus quotidiens :

Le chocolat noir 100 %:

Il limite les fringales, diminue le stress, c'est un bon antioxydant (2 ou 3 carrés par jour)

La pomme :
Sa pectine va gonfler au contact de l'eau et va donc donner une impression de satiété, c'est aussi un bon antioxydant (1 pomme par jour)

Le citron :
Un bon détox, antioxydant, de grandes vertus coupe faim (un verre de citron avec de l'eau tous les matins)

Le pamplemousse :
Ses effets sont un peu les mêmes que le citron (un pamplemousse le matin au petit déjeuner)

L'eau :
Boire régulièrement de l'eau dans la journée permet de remplir l'estomac et d'avoir un effet satiété.

Les amandes :
Bon pour la peau, la circulation sanguine, c'est aussi un anti-stress (prendre 10 à 20 amandes par jour)

Anti-Cellulite gratuit et efficace !!!

A l'honneur de cet article la caféine!! Dans la plupart des crèmes anti-cellulite hors de prix que l'on trouve dans le commerce vous pouvez constater qu'il y a de la caféine !

La caféine a des effets indéniables :
- Elle aide au déstockage des cellules adipeuses
- Elle limite la production de cellules graisseuses
- Elle limite le stockage de glucose

Pourtant il y en a très peu dans les crème que l'on achète

Autant l'utiliser pure pour en avoir les effets au maximum !!!

Recette :
Mélanger un peu d'huile végétale (olive, amande douce...) avec votre marre de caté

Appliquer directement sur les zones à traiter en effectuant de petits massages

Laisser agir une vingtaines de minutes

Renouveler deux fois dans la semaines

Un palliatif au marc de café : utiliser du café corsé et mélanger avec un peu de citron

Les économies sont incroyables !!!! et tout naturellement...

Le beurre pour ou contre ! La modération suffira

Il y a un grand débat sur le beurre, à diaboliser ou pas ???

Comme tous les aliments, nous pouvons consommer du beurre mais avec modération et ne pas tomber dans l'abus.

Si l'on regarde toutes les études sur le sujet, les avis divergent...

Le beurre n'est ni nocif ni bénéfique !!!

Le maître mot il me semble que c'est la modération afin d'éviter de prendre trop de poids, de cholestérol ......bref pour notre santé en général.

Mais pour ceux ou celles qui veulent remplacer le beurre il existe des alternatives :

- L'huile
- La purée d'amandes
- Les bananes
- La compote de pomme
- La margarine
- Et les yaourts, tout type de laitages

Astuce dents blanches au naturel : recette de dentifrice blancheur à faire soi-même et à moindre coût :) !!!

Recette naturelle de dentifrice dents blanches pour un sourire sans complexe.

Il faut :

-un flacon
- 50 ml d'huile de noix de coco
- 50 gouttes d'huiles essentielles de citron

Dans un flacon mélanger tout simplement les deux ingrédients et c'est parti pour un brossage tout en blancheur !

Autre petite astuce :
De temps en temps saupoudrer votre dentifrice de bicarbonate de soude : il aide à blanchir les dents et à se débarrasser des tâches de thé et café

Herpès labial : astuces naturelles pour le stopper

L'herpès labial est un fléau pour nos lèvres, il fait mal il est inesthétique, bref l'horreur quand il apparaît.

Il y a des solutions naturelles pour le diminuer le soulager voire le stopper.

Zoom sur ces différents aliments qui soignent l'herpès !

L'ail est un antiseptique naturel, il sèche l'herpès et désinfecte, appliquer de l'ail (une gousse ou haché) plusieurs fois par jour directement sur l'herpès.

Le vinaigre de cidre permet d'assécher l'herpès et d'accélérer sa cicatrisation, à l'aide d'un coton appliquez le vinaigre de cidre sur la zone à traiter, renouvelez régulièrement.

L'huile essentielle de tea tree se révèle également efficace ainsi que le citron (dilué dans de l'eau chaude) qui est aussi un antiseptique naturel.

Afin de limiter les apparitions de l'herpès, boire de l'eau citronnée qui booste les défenses immunitaires, et protéger les lèvres du soleil avec un baume protecteur !!!

Bouchon dans l'oreille comment l'enlever : astuces au naturel

Les bouchons de cérumen sont un vrai cauchemar !!!!! Comment s'en débarrasser avec des produits naturels.

Première astuce :
Imbiber un coton d'huile d'olive le presser au-dessus de l'oreille pour faire tomber quelques gouttes d'huile d'olive dans le conduit auditif, rester allonger 15 minutes et laisser agir.

Renouveler l'expérience plusieurs jours jusqu'à dissolution du bouchon.

Deuxième astuce :
Pratiquer la même chose mais avec de l'eau salée (dissoudre du sel dans un peu d'eau).

Jus de carottes à l'orange détox ultra facile

Une recette détox pour 4 personnes simplissime.

1 kg de carottes
3 oranges
1 citron
2 cuillères à soupe de miel

1) Presser 3 oranges et un citron
2) Filtrer le jus
3) Pour faire le jus de carottes 3 solutions : (1 kilo de carottes)

- Pour ceux qui possèdent une centrifugeuse : peler et découper les carottes en rondelles les centrifuger.

- Pour ceux qui ne possèdent pas de centrifugeuse : faire cuire les carottes et les mixer (vous pouvez diluer la mixture avec le jus de cuisson des carottes.

- Pour les ultras pressés : Acheter un litre de jus de carotte le plus naturel possible.

4) Ajouter au jus de carottes 2 cuillères à soupe de miel puis le jus d'oranges et de citron.

Servir frais, bonne dégustation !!!

Alternative au sel de cuisine

Nous connaissons tous les méfaits d'une utilisation abusive de sel, mais malheureusement dans mon cas par exemple j'adore le sel !! et je sale de plus en plus mes plats. Je ne pense pas être un cas isolé donc j'ai essayé le substitut partiel de sel, voici mon avis :

Avantages :
Le goût du sel est présent (même si un peu différent)

Pour ma part avec ce substitut je ne sale plus du tout mes assiettes

Inconvénients :
La texture trop fine (pour le modèle que j'ai acheté)

Il y a de petites quantités de glucides

Le prix est assez onéreux à l'achat

Pour conclure, je pense que c'est un bon moyen de réduire la quantité de sel voire même de ne plus saler ses assiettes, une manière de s'habituer à manger sans sel.

Pour cuisiner mes plats, ou réaliser des recettes j'utilise toujours du sel en toute petite quantité, par contre je n'utilise plus du tout de sel au moment du repas.

Essai de recettes dentifrice gratuites, naturelles et rapides

Cet article est dédié à la fabrication de dentifrices trèèèèès économiques vraiment pas cher et le plus naturels possible, sans produits chimiques.

Première recette :

Dans un récipient en verre mettre de petits copeaux de savon de Marseille (quantite trés infime d'après la recette que j'essaye) avec de l'eau afin d'obtenir une pâte et le tour est joué ! votre dentifrice est prêt !!

L'inconvénient de cette recette est que l'on garde un petit gout de savon dans la bouche.

La solution : mettre deux gouttes d'huile essentielle de menthe ou menthe poivrée

Donc je l'ai testé, recette très efficace peu coûteuse !

Deuxième recette :
Effectuer le même procédé que la première recette mais avec du savon d'Alep.

Attention au choix des savons, pour ma part j'achète des savons Bio

Toujours bien faire sécher les savons entre deux utilisations

Comment choisir et utiliser un shampoing solide

Bonjour à tous et à toutes !

Dans cet article j'ai testé le shampoing solide qui se présente sous forme de pain de savon, le mien par exemple en forme de fleur. Ce shampoing s'avère écologique, économique, et efficace, je vous donne le résultat de mon utilisation sur toute la famille et mes trois enfants !!!

Donc pour commencer l'utilisation :

- Utilisation très simple (même pour les plus jeunes), bien mouiller les cheveux et et le shampoing à faire mousser dans ses mains , frotter et masser le shampoing sur les cheveux pour finir rincer , et contrairement aux shampoings liquides un seul shampoing est nécessaire. Inutile de faire deux lavages comme moi personnellement j'en avais l'habitude pour avoir l'impression d'avoir les cheveux bien lavés.

La composition et le choix du shampoing :

- Personnellement j'ai opté pour un shampoing bio en forme de fleur de douce nature, le but étant de choisir un shampoing qui respecte l'homme et l'environnement donc sans sulfates ni tensioactifs et ne contenant que des produits issus de l'agriculture Bio. Donc un minimum de produits et un maximum d'efficacité !

Le prix et durée de vie :

Le prix pour un shampoing bio varie de 5 à 6 euros en fonction des magasins spécialisés, ce qui peut paraître cher à l'achat mais sa durée de vie et très longue à peu prés 80 shampoings, de plus j'augmente le nombre de jours entre deux shampoings, donc je me lave moins souvent les cheveux, ils restent propres plus longtemps .....gain de temps et économie d'eau

Avantages :

Même si le démarrage peut laisser septique, le résultat est impressionnant !

- Des cheveux beaucoup plus jolis et moins agressés
- Le nombre de shampoings diminué
- Des économies pour le porte feuille (en shampoing, produit, eau)
- Plus besoin d'après shampoing masque et autre...

- Facile à transporter, en voyage par exemple dans une simple boite à savon, plus besoin de prendre ses gros bidons de shampoing pour toute la famille, un gain de place

Inconvénients :
- Il faut bien le faire sécher entre chaque utilisation, personnellement je fais sécher mes savons sur du bambou

- L'odeur est moins attrayante que les shampoings liquides

Voilà pour les shampoings solides, efficaces économiques et écolos !!!

Fabriquer son diffuseur d'huiles essentielles en 5 minutes et sans toxiques

Nous voulons tous assainir et parfumer notre intérieur sans produits chimiques, le plus naturellement possible !

Les huiles essentielles sont un bon moyen pour les différentes pièces de la maison, le problème c'est que les diffuseurs d'HE sont souvent onéreux, et d'en l'idéal il en faut plusieurs pour les différentes pièces de notre intérieur.

Donc j'ai testé une méthode de fabrication de diffuseur vraiment simple et peu coûteuse, c'est parti :)!!!

Mode de fabrication :
Prendre un récipient en verre (de la taille souhaitée), verser de l'huile végétale (par exemple de l'huile d'amande douce ou de l'huile pour bébé), ajouter plusieurs gouttes d'huiles essentielles de son choix puis mélanger.

Pour finir déposer des bâtonnets végétaux (des piques à brochette, de simples tiges en bois…)

Voilà le tour est joué !!!!

Résultats :
Personnellement, j'ai opté pour l'huile d'amande douce et de l'HE d'ylang ylang, avec des tiges en bois, je l'ai installé dans ma salle de bain, l'odeur est bien présente et ça dure !!!!

Je vais donc l'adopter pour les autres pièces

Petites astuces contre l'acné et les points noirs

Dans cet article je vais vous faire part de mes essais sur mes ados ! de quelques produits contre l'acné et l'entretien des peaux à problème. Toujours dans l'esprit d'une utilisation simple rapide et le plus saine possible.

Pour commencer l'entretien et le nettoyage de la peau:J'ai choisi un savon à l'argent colloïdal et huile essentielle de lavande plus jolie , plus saine, j'ai observé également des résultats positifs et rapides sur les points noirs.

Utilisation :
Très simple pour le lavage du visage quotidien à l'aide d'une brosse à visage

Avantages

Simple d'utilisation

C'est n'est pas un énième produit à utiliser pour nos ados !!!!

L'odeur est agréable

La mousse est agréable

Inconvénients :

Pour nos ados l'odeur n'est pas forcément top disons au gout du jour :) !

Un peu long à sécher

Le prix à l'achat est d'environ 5 euros mais comme tous les savons il dure très longtemps

Deuxième savon que l'on peut utiliser en alternance :

Le savon d'Alep, l'inconvénient est qu'il peut sécher un peu la peau.

Solutions à fabriquer :

Dans un récipient mélanger quelques cuillères à soupe de vinaigre de cidre avec de l'eau, appliquer sur le visage le soir à l'aide d'un coton, laisser agir 15 à 20 minutes et rincer.

Avantages :

Simple à utiliser

Efficace

Coût très faible

Inconvénients :

L'odeur

Il faut quand même la préparer

Et ça peut être une contrainte pour un ado

Huile essentielle :

Elle apporte une aide supplémentaire, chaque soir avant de se coucher appliquer 1 goutte d'huile essentielle de tea-tree arbre à thé en tapotant.(toujours sur une peau sèche et propre)

Conclusion :
J'ai utilisé ces petits remèdes sur mes deux ados, et au bout de quelques semaines les résultats sont positifs , pour l'un l'acné est atténué de manière considérable, pour le second j'ai commencé il y a peu de temps mais dès le début la peau est beaucoup plu

J'ai testé : déodorant et savon anti callosités sel de l'Himalaya TERMINE LES DÉPENSES INUTILES

Bonjour à tous et à toutes !

J'ai encore et toujours fouiné dans les les produits écolo écono et j'ai trouvé un produit remarquable pouvant enfin régler les problèmes de transpirations !!!

Pour certains et certaines c'est devenu un cauchemar alors pas de panique voici la solution 100% naturelle et peu onéreuse (finit les multiples produits chimiques qui ne marchent pas, irritants et ruineux) on passe au sel de l'Himalaya !!!!

Présentation :
Il se présente sous forme de pain de savon mais dur comme de la pierre, il ne contient ni odeur ni parfum ni additif, il est riche en fer, minéraux et oligoéléments.

Sa couleur rose vient de sa richesse en fer.

Utilisation :
Comme déodorant : tous les jours il faut l'humidifier le passer sous les aisselles (et les pieds si nécessaires), le repasser sous l'eau et le laisser sécher jusqu'à la prochaine utilisation.

Comme savon : deux fois par semaine l'utiliser comme un savon il permet de reminéraliser la peau.

Il neutralise les bactéries responsables des mauvaises odeurs.

Avantages :
- il marche effectivement c'est un bon anti-transpirant
- plus d'irritations
- 100% naturel
- multi-fonctions : comme savon il recharge la peau en minéraux (donc tout le corps), utile aussi pour les pieds (pour ceux et celles qui transpirent des pieds)
- durée de vie : vita etername
- pour tout le monde : pas de discrimination, Messieurs vous êtes servis !!!!
- pratique pour le transport

Inconvénients :

- il est parfois difficile de le trouver en magasin spécialisé personnellement je l'ai trouvé à la vie claire, j'ai regardé sur internet vous pouvez en trouvé plus facilement sur les sites spécialisés mais plus coûteux (entre 7 et 10 euros)

- prix à l'achat : entre 5 et 6 euros mais étant donné sa durée de vie c'est largement rentabilisé

Conclusion :

Que du bonheur écolo écono, le pari est réussi!!!

J'ai testé : le savon au propolis !!!! une trouvaille extraordinaire !!!

Je suis ravie de vous faire part d'une trouvaille qui me semble géniale, le savon au propolis.

Celui que j'ai acheté est fabriquer de façon artisanale chez un petit producteur.

Le propolis a de très nombreuses vertus toutes aussi efficaces les unes comme les autres, mais dans cet article je ne ferai part que de ses vertus pour la peau.

Vertus pour la peau :
Il est apaisant, clarifiant, assainissant, purifiant, il respecte l'hydratation de la peau.

Il est donc particulièrement utile pour les peaux acnéiques, à imperfections, l'eczéma, les peaux sensibles, la toilette intime... son champ d'action est large !

Mon expérience :
Le savon est très onctueux, il mousse beaucoup (pour un savon) en bref douceur à gogo !! :)

Son odeur est agréable

Multi-usages, du visage à tout le corps (toilette intime)

Son prix : 2.50 euros seulement

Résultats :
Immédiat : la peau est douce saine, une impression de peau nettoyée sans assèchement ni agressions.

Après quelques jours d'utilisation, j'ai constaté un teint nettement plus illuminé et douce dans le temps.

Je le recommande sans hésitation !!!

Le FAIT-Maison revient en force

Dans le soucis de préserver les ressources écologiques, pour dépenser moins et mieux avec quelques produits peu onéreux et des astuces ultra simples et rapides nous pouvons tout fabriquer !!!

Des produits ménagers aux produits de beauté tout y passe.

Par exemple avec le vinaigre nous pouvons nettoyer les vitres, les wc, détartrer,dégraisser, ajoutons à notre vinaigre du bicarbonate de soude on passe à la lessive ect....

Le savon pour nettoyer les sols, fabriquer de la lessive, son dentifrice

Les crèmes de beauté masques et autres cosmétiques pour une poignée d'euros.

Bref les économies sont prouvées avec le fait maison, il faut juste quelques minutes et c'est parti !!!!!

Les articles et magazines sont remplis d'astuces qui pourront vous éclairer.

Exemple de recette de lessive :
Pour 1 litre de lessive, mélanger 1 kilo de savon de Marseille ou d'Alep dans 1 litre d'eau, quelques d'huile essentielle de votre choix pour le parfum et le tour est joué !!!!

A bientôt dans mes recettes maison !!!

Les stars et la green attitude

Nous ne comptons plus les articles type "secrets de beauté des stars".

Et oui les VIP aussi utilisent le "fait maison" et les "secrets de grand-mère"

J'ai fait un tour sur la toile, dans les magazines, j'ai lu beaucoup d'articles et d'interview sur le sujet, j'ai donc décidé d'en faire un petit topo.

Les peoples sont comme nous et oui étonnant mais ils ont aussi des soucis de peau, cheveux, santé, ect... Être connu ne protège pas contre les méfaits des produits chimiques, beaucoup d'entre eux utilisent des astuces beauté-santé les plus naturelles possible.

Zoom sur la green attitude des personnalités

On parle surtout de cosmétiques :

Astuces contre les impuretés : le miel pour Jennifer Lopez par exemple, la vaseline contre les rides pour d'autres, ou encore l'eau froide pour lutter contre l'effet fatigue.

Beaucoup d'actrices se fabriquent leurs cosmétiques maison, elles mettent l'accent sur l'importance de l'hydratation de la peau qui est apparemment "Le Secret" beauté par excellence mais aussi éviter le plus possible tous les polluants qui obstruent les pores de la peau.

On parle également de l'alimentation

Dans ce domaine aussi nos stars ont leur régimes favoris, alors nous voyons revenir souvent les régimes sans graisses, les végétariens, les détox, enfin il y a de tout mais là aussi le naturel revient au galo !!!

Et enfin le bien-être :

Le yoga, la méditation, le sport, les fameux 10000 pas par jour ont un succès auprès de nos VIP. Un nombre important d'acteurs pratiquent la méditation pour lutter contre le stress !

Le stress est l'ennemi juré de nos stars toutes les pratiques sont à l'essai et contrairement à ce que l'on croit ces pratiques sont peu onéreuses, on est dans le retour du simple mais de l'efficace !!

Ce qui m'a le plus interpellé c'est le nombre important de stars qui prônent le "fait-maison" donc nous sommes loin des clichés de la surconsommation ou des produits beauté hors de prix sans parler de la chirurgie esthétique et de ses aberrations dont on pouvait il y a quelques temps entendre parler sans arrêt à la télé dans les magasines, les hommes également s'investissent dans le naturel et donne de plus en plus leurs avis.

J'ai l'impression que le vent a tourné dans le domaine des people du moins dans tous les domaines nous les entendons plus témoigner du bio, du naturel, de l'écologie et du bien-être et ça fait du bien !!!

Alors effet de mode ou véritable conviction affaire à suivre......

Tous à vos recettes, astuces de grand-mère et podomètre !!!!!!

Table des matières

Kolibri 360 GmbH
Ferdinand-Jühlke-Straße 7
99095 Erfurt, Deutschland
produktsicherheit@kolibri360.de

Druck:
CPI Druckdienstleistungen GmbH
im Auftrag der
Kolibri 360 GmbH
Ferdinand-Jühlke-Str. 7
99095 Erfurt